MÉMOIRE

SUR LES
AVANTAGES DE LA CULTURE
DE LA
BETTERAVE

DANS LE DÉPARTEMENT DU PAS - DE - CALAIS,

OUVRAGE

AUQUEL UNE MÉDAILLE D'ENCOURAGEMENT

A ÉTÉ DÉCERNÉE PAR L'ACADÉMIE D'ARRAS,

Dans la Séance publique annuelle du 31 Août 1826,

PAR L. THIBAULT, Avoué.

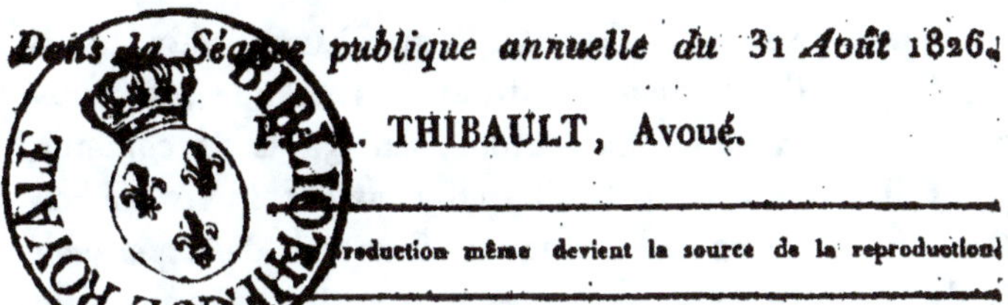

Si l'homme trouve dans les productions de la nature les élémens de sa conservation et de son bonheur ; s'il trouve surtout dans l'abondance et la multiplicité des biens de la terre les plus sûrs moyens d'augmenter les douceurs et les jouissances de la vie, on conçoit facilement quel prix on doit attacher à la culture d'une plante qui ne peut manquer d'exercer la plus heureuse influence sur la prospérité publique, en fécondant les principales sources de la richesse des peuples.

Cette plante est la BETTERAVE ; ses propriétés saccharines ne sont plus aujourd'hui contestées. L'expérience a démontré qu'elle renferme des substances d'où découle, par les procédés de la chimie, un sucre crystallisé qui rivalise avec celui des Antilles. Ses avantages ne se bornent point là : elle en offre encore qui ne sont pas moins précieux, puisqu'elle promet de donner un nouvel essor à l'Agriculture ; à la propriété territoriale un surcroît de valeur ; de nouvelles ressources au commerce et à l'industrie. Sous ces différens points de vue elle est donc éminemment digne de fixer et de commander l'attention.

L'Objet de ce Mémoire est de signaler les avantages que le sol fécond de l'Artois peut particulièrement retirer de la culture de cette plante, et d'essayer ainsi de répondre au vœu de la Société royale d'Arras qui se montre constamment animée du désir d'encourager tout ce qui peut être utile et favorable à ces contrées.

Jusqu'à présent le char de l'Agriculture, traîné dans l'ornière de l'assolement, se trouvait à chaque pas paralysé dans sa marche. La routine, seul guide du commun des Cultivateurs contribuait puissamment à arrêter son élan. Il est tems enfin que le flambeau de la science brille pour faire disparaître les ténèbres qui obscurcissent le plus souvent les yeux du vulgaire. C'est en effet à la science qu'il appartient de dissiper jusqu'à l'ombre des entraves qui interceptent les rayons de la lumière, d'où peuvent seules jaillir, comme d'une source, les améliorations.

L'assolement triennal est sans contredit l'un des plus grands obstacles aux progrès de l'Agriculture dans ce département. Tout ce qui tend à éclairer les Cultivateurs sur les inconvéniens du système des Jachères ne peut donc avoir d'autre résultat que d'accroître avec les richesses du pays le bien-être de ceux qui s'adonnent à la Culture. Mais il faut pour cela heurter de front des

(5)

préjugés enracinés par le tems, et rien n'est plus difficile que de faire filtrer dans des esprits prévenus et esclaves de l'habitude, les principes sur lesquels repose le triomphe des découvertes utiles.

Une vérité incontestable, c'est que la terre tend perpétuellement à la production. La Jachère, qui a pour résultat de la détourner de sa destination, lutte avec cette tendance de la nature et contrarie ses desseins. Si c'est entrer dans les vues de la nature de demander constamment des produits à la terre, il n'y a point à hésiter ; elle répondra toujours à notre appel et sourira à nos travaux, en couronnant nos efforts. Seulement il faut, en n'adoptant que des plans de Culture bien raisonnés, consulter les localités et n'exiger d'autres végétaux que ceux qui, par leur utilité à l'homme et aux animaux, soient toujours en harmonie avec les propriétés particulières du sol.

La terre tend tellement à la production que lors même qu'on ne lui confie aucune plante elle en produit spontanément. Mais que produit-elle dans l'état de Jachères ? Des herbes parasites et gourmandes qui exercent activement sur le sol une influence nuisible, en y puisant le suc le plus nutritif. A quoi servent donc les Jachères ? A laisser, dira-t-on, la terre en repos. Etrange abus des mots. La terre est-elle un être animé, susceptible de fatigue pour avoir besoin de recouvrer dans le repos des forces épuisées par le travail ? Non, sans doute. Ce mot de repos est donc ici un mot vuide de sens que le Cultivateur applique par comparaison, sans le comprendre. Il sait que son corps, harassé par un labeur pénible, a besoin d'une inaction momentanée pour revenir à son état naturel, et il dit : La terre travaille en produisant, il faut la laisser reposer si nous voulons qu'elle produise encore. Erreur et absurdité. Ce n'est point par lassitude que le sol qui a produit du froment une année, n'en fournira plus avec autant d'abondance l'année suivante. La cause ne vient point de là : elle provient de ce que les principes nutritifs, favorables à la végétation, n'y existent plus avec assez d'intensité pour satisfaire aux besoins de la nouvelle plante, et que dès-lors la terre éprouve la nécessité de les recomposer en recevant de l'atmosphère les émanations nécessaires pour rendre solable une quantité d'humus égale à celle que la production a pu absorber. Mais les principes nutritifs que chaque plante soutire de la terre, ne sont point identiques. La plante qui quitte le sol n'a pu attirer à elle que les sucs qui lui étaient propres, elle y a laissé sans les altérer tous ceux qui ne lui étaient point utiles et qui peuvent, par cela même, convenir à un végétal d'une autre espèce. Eh! bien substituez-y cette plante à qui ces principes alimentaires conviendront, voilà en quoi consiste toute la science du système qui vous conduira à vous affranchir avec succès de celui des Jachères.

Plusieurs physiciens célèbres, ont par des expériences et des observations positives, démontré cette vérité, que les végétaux ne soutirent point seulement par leurs racines les substances alimentaires nécessaires à leur végétation. Les feuilles, les troncs, les branches et les rameaux des plantes sont aussi autant d'organes par lesquelles elles attirent et pompent, pour ainsi dire, dans l'atmosphère les principes nutritifs qui s'y trouvent disséminés.

Ainsi, il résulte de là que la terre n'est point le seul agent vital des plantes, et qu'elle ne fait que concourir avec les autres élémens à leur fournir les substances nutritives dont ils ont besoin. La terre et l'atmosphère fournissent donc mutuellement et simultanément la vie aux végétaux. Y contribuent-ils dans une même proportion ? On ne peut le penser. Les plantes dont les feuilles sont larges, poreuses, herbacées, puisent assurément davantage dans l'air que celles dont l'extérieur ne consiste que dans une tige frêle et menue. Elles sont dès-lors bien moins onéreuses à la terre. La Betterave est de ce nombre. La Betterave en effet est loin de recevoir uniquement de la terre tout son aliment. L'atmosphère est pour elle à cet égard la source la plus féconde. C'est donc à l'atmosphère qu'elle emprunte le plus ; aussi est-elle peu épuisante et diffère-t-elle essentiellement en cela des graminées dont la nature particulière est de puiser principalement leur nourriture dans le sol , et par conséquent de l'altérer davantage. Pour mieux faire saisir cette dernière vérité , je ne puis m'empêcher de citer ici un passage d'un traité d'Agriculture où les raisons qui la rendent palpable sont déduites avec autant de talent que de lucidité. « La plupart des plantes annuelles, de la famille des graminées, y est-il dit , et notamment le froment, le seigle, l'orge et l'avoine sont ordinairement cultivées plus particulièrement pour leurs grains que pour leurs autres produits. Ces grains farineux , et qui contiennent beaucoup de carbone , l'un des principaux élémens des végétaux , ont un poids supérieur à celui de toutes les autres parties constituantes du végétal; le tissu des tiges et des feuilles rares et sèches de ces plantes , est généralement serré , et devient dur et pailleux à l'époque de leur floraison; il se resserre et se dessèche , chaque jour , de plus en plus jusqu'au complément de la maturité, qui n'a lieu communément qu'un mois après au plutôt: pendant cet intervalle , il est peu propre à puiser dans l'atmosphère ambiant les principes nutritifs qui peuvent s'y trouver répandus; la terre devient donc alors la principale, sinon l'unique ressource de la plante réduite à cet état; ses nombreuses racines chevelues, traçantes et très-divisées, épuisent, par un très-grand nombre de points de contact, la terre qu'elles lient d'ailleurs et resserrent considérablement, circonstance qui intercepte le concours bienfaisant des influences at- mosphériques. Les débris que la culture ordinaire de ces graminées laisse sur le sol, sont bien peu abondans; leurs tiges et leurs feuilles très-adhérentes, dures et sèches, sont enlevées presqu'en totalité, et la faible quantité de chaume desséché et d'une décomposition lente et difficile d'ailleurs lorsqu'il se trouve abandonné à lui-même, et qu'on n'abandonne même pas toujours à la terre, est une faible restitution comparée à l'emprunt considérable qu'elles lui ont fait. »

Il est tellement vrai, comme nous l'avons dit, que la terre n'est point le seul agent vital des plantes, qu'il est démontré qu'elles pourraient vivre et fructifier sans cet élément, si elles n'en avaient besoin comme d'un support, d'un point d'appui indispensable pour les mettre en contact avec l'air, la chaleur et l'eau, de manière à en recevoir les émanations nutritives qu'ils contiennent. Il est en effet reconnu que l'eau pourrait seule suffire à la végétation de la plupart des plantes. Des expériences du moins le constatent : j'en ai pour témoignage parti- culier celles de plusieurs savans agronomes, notamment de Duhamel. « J'ai élevé, dit-il, dans de l'eau très-pure, des chênes, des maronniers, des amandiers, des plantes capillaires, et toutes ces différentes plantes ont trouvé dans cette eau pure ce qui était nécessaire pour leur nourriture, de sorte que chacun avait la couleur et le port extérieur qui lui était naturel. »

Maintenant que nous avons démontré que les végétaux ne tirent pas toute leur nourriture de la terre exclusivement et que même pour quelques-uns elle n'y contribue que faiblement, comparativement à ce qu'ils empruntent aux autres élémens; essayons d'établir que l'on peut autrement que par le système des Jachères réparer les déperditions momentanées du sol, et qu'une succession continue de productions serait même l'une des voies les plus efficaces pour maintenir la terre en état de fertilité.

D'abord nous ferons remarquer que si les plantes soutirent du sol une partie des substances nécessaires à leur développement, elles y déposent aussi plus ou moins, par compensation, des débris qui se résolvent par la dissolution en humus ou engrais végétal qui communique au sol ses propriétés fertilisantes (*). Si le terrain, comme l'expérience le démontre, se ressent de l'influence de la plante qu'il produit, tous les soins du Cultivateur, devront avoir principalement pour objet de faire choix pour lui succéder d'un végétal qui puisse profiter des déperditions de celui qui l'aura précédé. En effet, s'il est des plantes que l'on peut considérer comme épuisantes, pour me servir de l'expression des Cultivateurs, il en est aussi dont la nature est d'améliorer le sol. Certes, il n'est point douteux que si l'on fait succéder à une plante épuisante une autre plante qui épuise encore, on dénature le sol de manière à le rendre impropre et inhabile à la production. Si au contraire on fait suivre la plante qui épuise d'une plante améliorante on rétablit de la sorte l'équilibre. La terre ne perd rien alors de sa fécondité. Le triomphe du dessolement sur le système de la Jachère sera donc assuré dès que l'on sera parvenu à remplacer cette Jachère par la produc-

---

(*) Les feuilles de la Betterave ont surtout cette propriété. On s'est en effet convaincu par l'expérience, qu'en les abandonnant à elles-mêmes sur le sol, elles y agissent comme un véritable engrais. Un auteur dit même qu'on les considère généralement comme faisant l'office d'une bonne demi-fumure.

tion d'une plante qui, loin d'altérer le sol, soit de nature à le préparer favorablement à la fructification de la plante qui doit prendre sa place. Rien à cet égard n'est plus facile : il suffit au Cultivateur d'abjurer les pratiques de la routine pour entrer franchement dans la voie des améliorations qui lui sont signalés, et dont l'Agriculture est susceptible.

Disons-le avec confiance, la terre peut produire chaque année sans cesser d'être féconde. La production même, dit Gilbert, devient la source de la reproduction. Cette vérité n'est pas nouvelle : elle date en effet de plusieurs siècles, puisque Virgile la signalait aux agronomes de son tems, dans ce vers de ses Géorgiques :

Sic quoque mutatis quiescunt fœtibus arva.

Le sol ainsi repose en changeant de richesses.

Traduction de DELILLE.

On peut donc obtenir de la terre une série continuelle et successive de productions, sans nuire à sa fertilité. Les plus savans économistes confirment ce principe que l'expérience d'ailleurs constate suffisamment. Tout le secret consiste seulement à faire un choix prudent et bien raisonné des rotations de culture qui excluent la Jachère. Ceci posé, établissons la prééminence de la Betterave sur les autres végétaux pour atteindre le but que nous nous proposons; nous arriverons immédiatement à la conséquence des avantages que l'Agriculture de ce département éprouvera par l'effet de son introduction dans nos assolemens.

Pour mieux faire ressortir les qualités améliorantes dont ce végétal abonde, et qui doivent concourir puissamment à le propager dans nos campagnes, il importe de combattre le préjugé qui semblerait vouloir lui assigner une vertu contraire.

Les plantes pivotantes, telles que la Betterave, ne sont point épuisantes comme les céréales dont les racines fibreuses, déliées et rapprochées, embrassent toute la surface du sol, et en expriment les principes nutritifs dans toutes ses parties. La Betterave au contraire laisse entre les différentes racines qui croissent sur un terrain, des intervalles entièrement libres qui conservent toute la substance des engrais, de sorte qu'il en reste toujours assez pour suffire à la végétation des plantes qui doivent lui succéder, et qui, par conséquent, profitent des sucs nourriciers qu'elle n'a pu absorber et qui ont été hors de ses atteintes. — L'isolement de sa racine, l'espèce de labour qu'effectuent les différens sarclages que sa culture nécessite, sont des causes qui contribuent efficacement à neutraliser l'épuisement dont la terre se ressent plus ou moins dans la production des végétaux qui ne sont point susceptibles de cette manutention. D'ailleurs, ses feuilles larges et perméables aspirant avec plus d'abondance les influences météoriques qui concourent si puissamment à la fertilité, lui permettent d'exiger moins du sol, par la raison même qu'elle reçoit davantage de l'atmosphère.

D'un autre côté, la Betterave traverse dans un espace de cinq à six mois environ toutes les périodes de végétation nécessaires à sa maturité. Or, il n'est point douteux que plus la végétation est active et accélérée moins elle est onéreuse à la terre.

Une remarque essentielle c'est que l'ensemencement des graminées, telles que le froment, l'orge, le seigle et l'avoine, a toujours pour résultat de confier à la terre le principe d'une myriade de végétaux parasites qui y exercent une action qui lui est aussi nuisible qu'elle est funeste au végétal qu'elle produit. La Betterave est exempte de cet inconvénient. Non seulement sa semence, avant d'être livrée au sol, peut plus que toute autre être purgée de tout ce qui lui serait contraire, mais lors même qu'il s'y glisserait des semences hétérogènes, les sarclages qu'elle nécessite en détruiraient les effets.

Il serait sans doute superflu de nous étendre davantage sur ce point. Ce que nous venons d'avancer nous paraît suffisant; mais ce n'est point assez d'avoir à cet égard dissipé les doutes que la prévention ou le préjugé pourrait faire naître dans quelques esprits; il importe aussi d'établir que la Betterave, loin de pouvoir être considérée comme épuisante, est au contraire susceptible de concourir à l'amélioration du sol, et que sous ce rapport elle est favorable aux récoltes de céréales qu'on lui substituera par la propriété qu'elle a de disposer avec succès la terre à une heureuse fructification de ces plantes.

C'est aujourd'hui une vérité sans réplique en agriculture, que la division et l'ameublissement du sol par des labours réitérés, sont considérés comme les meilleurs amendemens et l'un des moyens le plus efficace d'obtenir des récoltes abondantes. On sait aussi que les plantes qui portent le plus d'atteinte au sol, ne sont point celles qui exigent le plus cette sorte d'amendement, qu'au contraire, celles auxquelles des labours et des sarclages fréquens et multipliés sont indispensables, ont la propriété d'être améliorantes. On sent dès lors de quel point un végétal du genre de la Betterave doit être dans la balance de l'Agriculture de l'Artois, pour la faire pencher en faveur du dessolement.

La Betterave partage avec plusieurs autres plantes pivotantes l'avantage de bien défoncer le terrain, de le diviser et de l'ameublir convenablement. Sous tous ces

rapports elle est évidemment améliorante ; car il n'y a
pour la terre de meilleure amélioration que celle-là ;
ajoutons à ces considérations celle qui résulte de l'espèce
de labour qu'exigent non-seulement les sarclages qu'elle
réclame, mais encore l'opération que nécessite son extraction du sol à l'époque de sa maturité. Il faudra
nécessairement reconnaître que le terrain d'où sortira la
Betterave se trouvera de lui-même avantageusement pré-
paré pour la récolte du froment qui exige principalement
une terre bien ameublie, bien défoncée et dans un état
de netteté parfaite. — N'en doutons point, le froment
trouvera la terre de la Betterave entièrement propre à
sa végétation ; il se plaira sur un semblable terrain, et
la récolte heureuse qu'il offrira au Cultivateur ne laissera
aucune incertitude sur la réalité de l'amélioration dont
la Betterave aura été la principale cause.

Malgré ces raisons qui nous paraissent déterminantes,
nos Cultivateurs douteraient-ils encore que la Culture de
la Betterave possède la propriété particulière de préparer
favorablement la terre aux récoltes céréales ? Qu'ils ouvrent
Daubenton, dont les connaissances éminentes en agriculture ne peuvent être récusées. — Ils verront que son
opinion coïncide parfaitement avec celle que nous émettons.
— Voici en effet comment s'exprime ce savant agronome :
« Les herbes qui croissent dans les Jachères et dont les
racines s'étendent en rampant près de la surface de la
terre, nuisent à la production du froment que l'on sème
dans cette même terre, parce qu'il a aussi des racines
qui tracent, mais si elle est ensemencée de bonnes plantes
dont les racines pivotent en descendant profondément
dans la terre, ces plantes pivotantes ne nuiraient pas à
la production du froment l'année suivante ; au contraire,
elles empêcheraient qu'il ne vienne dans les guérêts des
plantes qui tracent. »

L'indifférence dans laquelle les Cultivateurs de l'Artois restent plongés à l'égard de la Betterave, ne nous paraît donc devoir s'expliquer que parce qu'ils ignorent probablement les qualités particulières de ce végétal et les ressources qu'il peut leur offrir. — Ce sera donc leur rendre un service essentiel que de signaler ici tous les avantages de sa Culture. Aussi nous appliquerons-nous particulièrement à présenter toutes les considérations qui nous paraîtront susceptibles de les tirer de leur assoupissement et de stimuler leur zèle en leur dévoilant ce qui peut être utile à leurs intérêts.

On ne peut se dissimuler que l'économie des labours ne soit pour le fermier un objet des plus importans. Sous ce point de vue, la Betterave est encore digne de fixer particulièrement l'attention de l'agronome, et cet avantage mérite d'être rangé parmi les considérations qui doivent en faire accueillir favorablement la Culture dans ce département.

Nous avons dit et l'expérience au surplus le démontre, que la racine de ce végétal a principalement, par sa forme pivotante, la propriété de pénétrer profondément le sol, par conséquent de le diviser et de l'ameublir, ce qui produit par équipollence les effets du labourage. Sans être même versé dans la pratique de l'Agriculture, on ne pourra s'empêcher de reconnaître que la terre qui produira la Betterave, après avoir successivement essuyé les opérations des sarclages et de l'arrachement, se trouvera, pour ainsi dire, labourée d'elle-même par ces différentes manutentions. — Au surplus, son peu de séjour sur le sol ne laisse point le tems au terrain de devenir compacte. — Qu'y a-t-il dès-lors à faire avec la charrue pour assurer le succès de la production subséquente? peu de choses assurément. Aussi nous le disons, il y aura

économie de travaux , et par cela même économie de dé-
penses et de frais sur les opérations préparatoires que
nécessitera la récolte du végétal qu'on lui substituera.
Cette conséquence nous paraît aussi évidente qu'elle est
facile à saisir.

Un des avantages particuliers de la Betterave est aussi
de garantir la terre du hâle des chaleurs et des atteintes
d'un soleil trop ardent et trop dessicatif. Ses feuilles
étendues , larges et herbacées procurent en effet au sol
un ombrage salutaire, qui lui conserve en été une fraî-
cheur bienfaisante. Elle contribue donc ainsi à le maintenir dans un état de moiteur et d'humidité qui lui est
d'autant plus favorable qu'il favorise l'infiltration des
fluides atmosphériques, facilite la solubilité de l'humus,
et y entretient les principes nutritifs nécessaires à la végétation des plantes.

D'un autre côté, l'exploitation d'un Cultivateur impose
des besoins auxquels il doit toujours pourvoir avec exac-
titude. Or , la nourriture des bestiaux, qui peut être
rangée parmi le premier de ces besoins, devient quelque-
fois, on le sait , dans de certaines années, un objet de
difficulté , par la rareté ou le manque de fourrages. Cette
pénurie n'est point à craindre avec la Culture de la Betterave. Ses produits abondans viendront toujours au secours des fermiers et leur fourniront sous ce rapport
des ressources certaines. En effet, ils trouveront dans
cette racine un aliment suffisant pour nourrir en hiver
la quantité de troupeaux dont leur exploitation exigera
l'entretien ; cela leur sera d'autant plus facile que tous
les animaux aiment cette racine et la mangent avec
plaisir. Cela n'est point douteux. — L'expérience est là
pour attester la vérité de cette assertion. — Les vaches
surtout en sont très-friandes, et l'on sait qu'elle leur
donne un lait tout à la fois abondant et d'une saveur

agréable. D'ailleurs, le bon état de santé dans lequel apparaissent les bestiaux qui s'en nourrissent, est une preuve irrécusable que cette plante est pour eux un aliment salutaire. Certes, cette considération est assurément de la plus haute importance en économie agricole, surtout où l'on sait que le fermier tire de ses troupeaux sa principale richesse.

Ce qui ne doit pas peu contribuer à rendre la Betterave précieuse aux Cultivateurs, c'est que ni l'intempérie des saisons, ni les vicissitudes de la température, n'ont le pouvoir de retarder ni de paralyser sa végétation. Les averses multipliées ou les grandes sécheresses ne lui sont point essentiellement nuisibles comme à certains autres végétaux. — Elle ne craint point non plus, comme les céréales, les effets désastreux de la grêle ni des autres fléaux destructeurs des moissons. La terre qui renferme en son sein tout ce que cette plante offre d'utile, est une espèce de rempart qui la protège et la met à l'abri des tempêtes. Ses feuilles, uniquement exposées aux influences des accidens météoriques, peuvent seules les redouter, et l'on sait que lors même qu'elles seraient détruites la plante n'en souffrirait pas pour cela, puisqu'il est reconnu qu'on pourrait les séparer du tronc pour les donner comme aliment aux bestiaux, sans altérer la plante et sans nuire à sa végétation. Il est donc évident qu'au moyen de cette ressource le Cultivateur ne se verrait plus exposé à la triste nécessité de vendre ses troupeaux à vil prix, faute de nourriture, ni de se voir réduit, en l'absence de ces auxiliaires indispensables, à manquer des engrais qu'ils lui auraient fournis et qu'il se verrait obligé d'acheter chèrement, en supposant même qu'il puisse trouver à s'en procurer.

La Betterave, en donnant au fermier les moyens d'élever et d'entretenir une plus grande quantité de bestiaux, étendra donc incontestablement les ressorts de sa Culture. En augmentant le nombre de ses troupeaux, il verra s'accroître proportionnellement la masse annuelle de ses engrais, et par la même raison qu'avec de plus fortes fumures ses terres deviendront plus fertiles, les produits qu'il en retirera seront plus abondans. — Tels sont, n'en doutons pas, les bienfaits que cette plante lui permet d'espérer. — Il ne tient maintenant qu'à lui d'en jouir et de savoir en profiter.

Parmi les nombreux végétaux que l'usage destine annuellement à la Culture en plein champ dans les riantes campagnes de l'Artois, la Betterave nous paraît, sans contredit, devoir exercer la prééminence. Cette plante, intercalée avec une judicieuse réflexion dans les assolemens, est éminemment destinée à bannir avec succès la méthode vicieuse des Jachères qui sont pour l'Agriculture la pratique la plus onéreuse. Sous d'autres points de vue, son extension n'en doit pas moins être désirée et propagée. Elle est en effet améliorante pour le sol, puisque sa racine, comme nous l'avons démontré, pénétrant profondément le terrain, a la propriété de le diviser, de l'ameublir, et par conséquent de l'amener à un état de netteté qui favorise singulièrement la production des végétaux. — Sous ce rapport, elle prélude favorablement aux récoltes céréales et les prépare à des chances d'une heureuse fructification. —En joignant à ces avantages importans ceux non moins précieux qu'elle possède, non seulement comme aliment de l'homme et des animaux, mais encore comme base essentielle d'une branche d'industrie qui promet les plus heureux résultats, quels esprits seraient encore assez aveugles pour refuser de l'associer aux différentes espèces de Culture jusqu'à présent adoptées.

Nous avons présenté les considérations que l'examen de la question, la nature de la plante et les écrits de plusieurs savans agronomes nous ont suggérées , pour établir que l'extension de la Culture de la Betterave dans ce département offrirait de grandes ressources aux Cultivateurs et serait pour eux une source feconde de bénéfices et de produits importans. Il importe maintenant de dévoiler les avantages qu'on peut en retirer , tant sous le rapport de la propriété que sous celui du commerce et de l'industrie : tel est le cercle qui nous reste à parcourir pour répondre au vœu de la question proposée.

Naguères, la fabrication du Sucre indigène paraissait être une chimère, une véritable illusion. Cette erreur, que le peu de succès de quelques entreprises de ce genre semblait accréditer, se maintint pendant plusieurs années; elle aurait fini, peut-être, par triompher, si la persévérance de plusieurs manufacturiers habiles n'était parvenue, en surmontant heureusement les difficultés, à éclairer les esprits. Grâce à leur zèle et à leurs efforts, tous les doutes sur la réussite de cette création nouvelle sont dissipés. Il est reconnu qu'avec les productions de notre propre sol nous pouvons nous affranchir des tributs que l'étranger ne nous versait qu'en échange de nos trésors, et rivale heureuse de la Canne à Sucre, la Betterave nous a appris que, sous ce rapport, la France peut avec orgueil montrer ses colonies dans l'argile de ses champs.

L'extraction du Sucre de la Betterave n'est donc plus aujourd'hui une entreprise hasardée ; elle est au contraire devenue tellement avantageuse que plusieurs usines destinées à ce genre d'industie se sont successivement élevées dans ce département , et que leurs auteurs en continuent l'exploitation avec le plus grand succès. Quoique cette fabrication ait fait en peu de tems de rapides progrès , elle n'en est pas moins, comme toutes les découvertes nouvelles , susceptible de perfectionnemens, qui en rendront les résultats de plus en plus satisfaisans. Que d'avantages nos contrées ne retireront-elles point alors de cette nouvelle source de richesses? On peut en pressentir facilement les heureuses conséquences : puisse donc le zèle de ceux qui y dirigent d'aussi utiles établissemens , ne point se ralentir ; puissent-ils surtout parvenir bientôt à porter leurs produits au degré de perfection auquel il leur est permis d'aspirer , et acquérir ainsi par d'honorables succès de nouveaux droits à la reconnaissance de leurs concitoyens !

Pendant la durée de la guerre maritime , la France, privée momentanément des huiles de poisson nécessaires à plusieurs branches d'industrie , chercha dans les productions de son propre sol des ressources pour y suppléer. — Ces circonstances donnèrent infiniment d'extension dans ce département à la culture et au commerce des graines oléagineuses. Pendant plusieurs années, ces contrées retirèrent de grands bénéfices de ces produits. On vit s'élever avec une prodigieuse activité un grand nombre de fabriques d'huiles ; mais les causes qui avaient donné l'élan à ce commerce, ayant cessé tout-à-coup par les événemens , les effets cessèrent également. Les importations faites dans le royaume depuis un laps d'environ douze années, ont affaibli singulièrement les avantages que l'on retirait de la fabrication des huiles de graines, de sorte que cette branche d'industrie offre aujourd'hui peu de chances favorables à ceux qui l'exploitent encore. Ce commerce étant maintenant resserré dans des limites très-étroites, il devient instant de se rattacher à une autre spéculation qui soit susceptible de pouvoir offrir des résultats avantageux. La Betterave nous paraît éminemment destinée à conduire à ce but mieux que tout autre produit : elle nous semble d'autant plus propre à cela qu'elle ne craint point de rivalités et ne partage avec aueune autre production indigène l'immense avantage de fournir au commerce des sucreries, ses matières premières.

Par la même raison que la culture des graines oléagineuses a puissamment augmenté les richesses de l'Artois, celle de la Betterave contribuera aussi efficacement à vivifier le commerce de ces contrées. La propagation de cette racine donnera nécessairement aux manufactures plus d'élasticité. — Leurs opérations devenant plus larges, leurs résultats seront plus importans, la denrée moins coûteuse, la consommation plus considérable. Tout invite donc nos agronomes à tourner leurs vues vers la Culture d'une plante qui doit avoir pour le bien public des conséquences si favorables. Tout leur dit qu'ils doivent concourir de tous leurs efforts à en favoriser les développemens, et qu'ils en trouveront la plus douce récompense dans des produits certains et avantageux, et dans l'heureuse influence qu'exercera sur la fortune publique l'abondance du numéraire que cette racine importera dans le département.

Les chances favorables que la fabrication du Sucre indigène offre aux manufacturiers qui se livrent à cette spéculation commerciale, doivent inévitablement avoir pour conséquence d'en multiplier les exploitations dans ce pays. Ces sortes d'opérations, offrant de grands avantages, auront pour les capitalistes de puissans attraits. — On peut donc facilement prévoir que le nombre des fabriques se propagera promptement, dès l'instant surtout où le Cultivateur, s'adonnant à la Culture de la Betterave, assurera aux fabricans une quantité suffisante de matières premières. Aujourd'hui, que tous les doutes sont levés sur la réussite de la fabrication du Sucre européen, il est plus que probable que les spéculateurs tourneront leurs regards vers cette nouvelle source de bénéfices.

Tout porte donc à croire que dans quelques tems, le nombre des Sucreries indigènes sera tout au moins quintuplé. C'est en raisonnant dans cet avenir que j'essaierai de présenter l'esquisse des avantages que l'on peut en espérer.

On sait que la pratique de l'assolement triennal a ordinairement pour résultat de livrer, chaque année, à l'improduction le tiers des terres labourables du département. J'accorde cependant qu'il n'en soit point ainsi, et je veux bien même n'en voir annuellement que le huitième, qui soit destiné à donner asile aux plantes parasites que féconde l'état de Jachère. Eh bien, d'après cela, il faut toujours, en portant comme on le fait, le nombre des terres arables à environ quatre cent mille arpens, subir la conséquence que les Jachères présentent au moins annuellement une surface de cent mille mesures de terrain.

Ceci posé, j'admets que l'agronome artésien, mieux éclairé sur ses vrais intérêts, et secouant les préjugés de la routine, n'adoptera désormais que des plans de Culture bien raisonnés et plus profitables ; j'admets encore, que sachant enfin apprécier les avantages de l'introduction de la Betterave dans nos assolemens, il se déterminera à exiger et à recevoir de la terre une série continuelle de productions utiles, plutôt que de la laisser périodiquement se peupler de chardons ; dans cette hypothèse, que je désire voir réaliser, je vais, en continuant d'examiner les ressources que présentera au commerce la Culture de la Betterave dans ce département, dérouler le tableau des prospérités qu'elle doit faire éclore.

En admettant que le terme moyen du produit d'une mesure de terre en Betteraves soit d'environ dix mille kilogrammes, on peut, d'après cette donnée, estimer que

les cent mille mesures de Jachères fourniront annuellement un milliard de kilogrammes de récoltes racines.

Cette masse énorme de produits ne pouvant point être
entièrement employée par les fabriques de Sucre, il faut
nécessairement chercher à utiliser l'excédant de racines
qu'elles ne pourraient point consommer; et à cet égard,
il n'est point douteux que l'application qu'on en ferait à
la nutrition des bestiaux, serait le moyen le plus propre
à atteindre un but tout à la fois utile et avantageux.

Je suppose donc que sur la masse du produit total
des Jachères en Betteraves, deux cent millions seulement
de kilogrammes soient appliquées à la fabrication du
Sucre. Ces deux cent millions de récoltes racines fourniront dix millions de kilogrammes de Sucre brut, cinquante millions de kilogrammes de pulpe, et environ six
millions de kilo de mélasse.

En calculant la valeur du Sucre brut à 1 fr. 5o c. le
kilo, celle de la mélasse à 4o c., et celle de la pulpe à
15 fr. les mille kilogrammes, j'arrive à un résultat de
dix-huit millions cent cinquante mille francs qui seront
importés dans le département.

A l'égard des huit cents autres millions de kilogrammes
de racines qui seront destinées à la nourriture des animaux, voici l'aperçu des résultats que le commerce en
retirera.

D'abord, avec cinq cents millions de kilo, on assurera
pendant l'espace d'une année la subsistance d'une quantité d'environ soixante-dix mille vaches laitières.

En obtenant de chacun de ces bestiaux pour produit
moyen, un kilogramme et demi de beurre par semaine,

on en trouvera à l'expiration de l'année une quantité de cinq millions quatre cent soixante mille kilogrammes qui, calculés à raison d'un franc cinquante centimes, produiront en numéraire huit millions cent quatre-vingt-dix mille francs. En ajoutant à cette somme, celle de six cent mille francs pour prix de la vente des élèves, on arrive à un total de huit millions sept cent quatre-vingt-dix mille francs.

D'un autre côté, les trois cent millions de kilogrammes restans, nourriront annuellement une quantité de cent soixante mille moutons environ. — Leur toison rapportera un million six cent mille francs.

Ainsi l'emploi de la récolte de cent mille mesures de Jachères, accroîtra chaque année les richesses du département, d'une somme de vingt-huit millions cinq cent quarante mille francs.

Tournons maintenant nos regards vers la propriété, nous verrons que la Betterave l'appelle aussi à la participation des immenses avantages qu'elle promet au Commerce et à l'Agriculture.

Les propriétés territoriales n'ont réellement de valeur en capital qu'en raison de leur revenu. Un fonds, dont la nature est de produire chaque année, est sans contredit d'un prix plus élevé que celui qui ne peut offrir les mêmes avantages. — La pratique de l'assolement triennal condamnant périodiquement les terres de l'Artois à un état d'inertie et de stérilité pendant une année, sur trois, il en résulte évidemment que le revenu des propriétaires en souffre dans la même proportion, car il faut admettre que le fermier ne suppute le fermage que d'après les récoltes que doivent lui donner les années de produit réel. — En partant de là, n'est-il pas certain que la Culture de la Betterave , dégageant la propriété des entraves de l'assolement, et soumettant les terres à une série annuelle et successive de productions , élevera leur revenu au moins de moitié chaque année. Cela est facile à saisir ; en effet, on sait qu'année commune un fermier donne ordinairement par hectare de terre environ 5o francs de fermage , lorsque cependant , par suite de l'assolement , il ne récolte que deux années sur trois. — Sur quelle base s'appuie-t-il pour fixer la quotité de ce fermage ? sur les deux années de produit réel, car il n'y a pour lui que celles-là qui soient fructueuses. L'année de Jachère compte donc pour rien dans le calcul de l'indemnité de jouissance , de la part du fermier. — Or, bien certainement, si pour deux années productives sur trois, le prix de la jouissance est porté annuellement à 5o fr., il s'éleverait à 75, c'est-à-dire, à moitié en sus, si la troisième année était comme les deux autres susceptible de fructification. Tel est évidemment le résultat auquel la Culture de la Betterave conduira nécessairement la propriété ; nous verrons donc , dans le département seulement , le revenu des quatre cent mille hectares de terres labourables s'accroître annuellement de dix millions, et leur valeur en capital de deux cent millions, en l'estimant au denier vingt seulement ; et que l'on ne pense pas que cela serait impossible , rien ne serait plus aisé aux propriétaires que de parvenir à cet heureux résultat ; il leur suffirait d'adopter un système entièrement opposé à celui que l'usage les a forcé d'admettre ; ce serait , au lieu d'assujétir les occupeurs à conserver strictement l'assolement, de leur imposer au contraire l'obligation de remplacer la Jachère par la Culture de la Betterave. En donnant ainsi plus de latitude aux fermiers et en leur assurant plus de bénéfices par des produits plus nombreux, on acquerra incontestablement le droit

de faire refluer une partie de ces nouvelles richesses vers
la propriété qui en sera la source, et tout en rendant
un service signalé à l'Agriculture, on améliorera sensi-
blement la valeur des biens fonds.

Les développemens auxquels je me suis livré sur les
avantages de la Culture de la Betterave dans le Pas-de-
Calais, suffiront sans doute pour piquer vivement l'attention des Cultivateurs et leur en faire sentir l'utilité.
Source féconde de prospérités, cette plante, intercalée
avec prudence dans les assolemens, ne contribuera pas
seulement à bannir de ces contrées la pratique onéreuse
et improductive des Jachères, elle y répandra aussi des
bienfaits inappréciables. Nous la verrons, fécondant tout
à la fois le Commerce et l'Agriculture, entretenir les
terrains dans un état d'humidité toujours favorable à la
végétation; maintenir la fertilité des terres, en y déposant
des principes réparateurs; concourir puissamment à leur
amélioration; les disposer favorablement à la fructification des céréales; offrir à l'agronome, avec une économie
sensible de labours et d'engrais, les moyens d'élever et
d'entretenir une plus grande quantité de bestiaux qui
multiplieront ses richesses, en augmentant ses produits;
affranchir la patrie des tributs onéreux de l'étranger;
vivifier le Commerce, en y répandant la chaleur et la vie;
donner aux Manufactures de Sucre européen plus d'élasticité; étendre les ressorts de l'industrie par le développement d'une création nouvelle qui fera mouvoir dans
une sphère continuelle d'activité, une multitude de bras
qui trouveront dans une louable occupation des secours
assurés contre la misère; donner à la propriété un surcroît de valeur, en enrichissant le territoire; assiguer
enfin à la France le degré de prépondérance à laquelle
elle a droit d'aspirer en économie agricole; tels sont,

n'en doutons pas, les principaux bienfaits que promet la propagation d'une plante que la postérité signalera comme l'une des plus belles Colonnes du Commerce et de l'Agriculture.

A ARRAS, chez Auguste TIERNY, Imprimeur du Roi, Rue Royale, n.º 412, en face des Casernes.